Bibliografische Information der Deutschen Nationalbibliothek:

Die Deutsche Bibliothek verzeichnet diese Publikation in der Deutschen National-
bibliografie; detaillierte bibliografische Daten sind im Internet über http://dnb.d-
nb.de/ abrufbar.

Impressum:

Copyright © 2008 GRIN Verlag
Druck und Bindung: Books on Demand GmbH, Norderstedt Germany
ISBN: 9783668802933

David Rose

Mädchen und Jungen im Physikunterricht. Unterscheiden sich die Interessenbereiche?

GRIN Verlag

1. Einleitung

Im Kern wird sich die vorliegende Bachelorarbeit mit dem Thema „Mädchen und Jungen im Physikunterricht" beschäftigen. Dabei werde ich nach einer Antwort auf die Frage suchen, ob sich die Interessenbereiche von Mädchen und Jungen tatsächlich unterscheiden. Ist dem so, wäre auch ein nicht unerheblicher Einfluss auf das Unterrichtsfach Physik zu erwarten.

Einleitend möchte ich aus meinen eigenen schulischen Erfahrungen berichten.

Die 11. Klasse ist bestanden, und nun beginnt die Leistungskursphase und damit der direkte Weg zum Abitur. Doch welche Leistungskurse soll ich wählen? Es zählt jede Note. Alles wird in die Gesamtbeurteilung meines Abiturzeugnisses einfließen. Ich sollte mir daher die Wahl meine Fächer gut überlegen. In Physik, Erdkunde und Kunst habe ich immer ausgezeichnete Noten gehabt.

„Kunst ist ein „Mädchenfach" im Gegensatz zur richtigen Physik", meinte jedoch mein Großvater auf einer Familienfeier zu mir, nachdem ich ihm erzählt hatte, dass ich zwei Leistungskursfächer für das Abitur wählen muss. Doch wie kam er darauf?

Im Physikunterricht meiner 11. Klasse waren die Jungen meist besser als die Mädchen, soweit ich mich erinnere. Die schwächere mündliche Beteiligung der Mädchen und die Zeugnisnoten bestätigten diese Einschätzung und ließen ein „weibliches Desinteresse" am Fach Physik vermuten. Lag es an dem mangelnden Fach- oder Sachkenntnissen der Mädchen? Warum zeigte sich in meiner Klasse so ein starkes Leistungsgefälle zwischen Mädchen und Jungen? Lag es vielleicht auch an der Lehrkraft? Sind meine Erfahrungen auch auf andere Klassen übertragbar?

Warum traten diese Probleme gerade in Physik auf? In den Fächern Biologie und Deutsch schienen die Mädchen den Jungen dagegen meist überlegen.

Lag es vielleicht tatsächlich an den unterschiedlichen Interessen der Schülerinnen und Schüler? Entstehen durch solche Erfahrungen die Vorurteile, dass Mädchen weniger interessiert an mathematisch – naturwissenschaftlichen Fächern sind? Ist das dann überhaupt ein Vorurteil oder vielleicht doch eine Tatsache?

Ich bin natürlich nicht der Erste, der sich diese Fragen stellt. Es gibt bereits eine Vielzahl von Studien und Untersuchungen zu diesem Thema. „Die wohl bekannteste Schulleistungsstudie der letzten Jahre für den naturwissenschaftlichen Bereich ist die Third International Mathematics and Science Study (TIMSS), die von 1994 bis 1995 unter dem Dach der International Association for the Evaluation of Educational Achievement (IEA) durchgeführt wurde. Im Rahmen dieser Studie wurden Jugendliche der 7. und 8. Jahrgangsstufe, sowie Abiturientinnen und Abiturienten mit folgenden Ergebnissen getestet und befragt. In der Mittelstufe erzielen Mädchen in allen Schulformen in den Fächern Mathematik und Physik schlechtere Leistungen als Jungen. Des Weiteren werden die Leistungsunterschiede im Laufe der Schulzeit größer."[1]

Ich entschied mich schließlich für Physik und Erdkunde als Leistungskurse. Mit der Überzeugung mich richtig entschieden zu haben, besuchte ich meine erste Physikleistungskursstunde. Die Physiklehrerin begrüßte uns und stellte gleichzeitig fest, dass sich unter den insgesamt achtzehn anwesenden Schülern nur zwei Schülerinnen befanden. Dies bedeutet, dass 88,9 % der Leistungskursteilnehmer Jungen und nur 11,1 % Mädchen waren. „Schon im letzten Leistungskurs Physik waren so wenige Schülerinnen in meinem Unterricht vertreten", erzählte unsere Physiklehrerin. „Ob das sich irgendwann mal ändern wird?"

---

[1] [Mik,06, Seite 55]

An dieser Stelle möchte ich mit meinen einleitenden „Schulerfahrungen" abschließen. Dieses Phänomen der geschlechterspezifischen „Selektion" in Physikleistungskursen, aber auch das Interessen- und Leistungsgefälle in den Schulklassen ist immer wieder zu beobachten. „Das Fach Physik ist für viele Schüler und in besonderem Maße für viele Schülerinnen ein unbeliebtes Fach."[2]

Zahlreiche Interessenstudien wurden durchgeführt und „so ergab beispielsweise eine im März 2005 von der Frauenbeauftragten der Lehrkräfte am Studienseminar Frankfurt am Main an zweiundzwanzig Frankfurter Gymnasien durchgeführte Erhebung zum Fächerwahlverhalten, dass in der Jahrgangsstufe 12 bereits 77,0 % aller Schülerinnen und 42,4 % aller Schüler das Fach Physik abgewählt haben."[3]. Interessant scheint es mir also sinnvoll, eine 10. Jahrgangsstufe zu befragen, ob sie das Fach Physik als Leistungs- oder Grundkursfach in den höheren Klassenstufen wählen würden.

Des Weiteren ergab die Untersuchung vom März 2005, dass „lediglich 17,2 % der Schüler und 3,3 % der Schülerinnen einen Physikleistungskurs besuchten."[4]

Aus diesen zahlreichen Studien habe ich einige Fragen entnommen, denen ich nachgehen möchte. Aussagekräftigere Studien benötigen jedoch Zeit und man untersucht in gewissen Zeitabständen erneut die „Probanten". Diese Untersuchungsmethode nennt sich „Längsstudie". Die Ausarbeitungszeit für die Bachelorarbeit ist jedoch recht knapp bemessen. Mir bleibt daher nur die Möglichkeit eine Querstudie durchzuführen.

Hierbei wählt man in der Regel eine geringere Untersuchungszeit aus und beobachtet unterschiedliche Probanten nur zu einem gewissen Zeitpunkt.

---

[2] [Hof,98, Seite 9]

[3] [Mik,06, Seite 55]

[4] [Mik,06, Seite 55]

In dieser Arbeit möchte ich durch selbst zusammengestellte Fragebögen die Interessen und Leitungen von Mädchen und Jungen im Fach Physik untersuchen. Ziel ist es, aufgestellte Thesen zum Thema „Mädchen und Jungen im Physikunterricht" zu belegen oder zu widerlegen. Geplant sind Befragungen durch Fragebögen in einer 8., 10. und 12 Jahrgangsstufe an einem Gymnasium. Warum ich gerade diese Klassenstufen untersuchen möchte? Mich interessiert dabei das Interesse der Schülerinnen und Schüler, die das Fach Physik neu kennenlernen, nach der Schulpflicht besucht haben und freiwillig weiterhin besuchen möchten. Ein Augenmerk liegt also vor allem auf der Entwicklung des Interesses an der Physik im Verlaufe der Schulzeit.

Der nachfolgende Abschnitt versucht nun zunächst die aus der Literatur bekannten geschlechterspezifischen Unterschiede in Bezug auf das Interesse von Mädchen und Jungen am Physikunterricht vorzustellen.

2. Geschlechterspezifische Unterschiede

„Curricula, Richtlinien und Lehrpläne, didaktische Materialien, Fibeln und Schulbücher werden im Bezug auf die Vermittlung von Geschlechterstereotypen kritisch analysiert. Die Kommunikations- und Interaktionsstrukturen kommen in den Blick. Zunehmend stellt sich heraus, dass Mädchen und Jungen in der Schule unterschiedlich behandelt werden. Die Mädchen werden weniger beachtet; sie erhalten weniger positive und negative Beachtung; die Jungen dominieren den Unterricht. Die Mädchen erleben, dass sie 'nur das zweite Geschlecht sind'. (Nyssen 1995, S. 148)"[5]

---

[5] [Kip,01, Seite 162]

Sind diese Erscheinungen in den Schulen wirklich so dramatisch, wie sie beschrieben werden? Warum kommt es zu solchen Einschätzungen?

An dieser Stelle ist die IPN – Interessenstudie (Institut für Pädagogik der Naturwissenschaften der Universität Kiel) in den 80er und 90er Jahren von Hoffmann, Häußler und Lehrke hervorzuheben. „In ihrer groß angelegten Interessenstudie haben sie untersucht, welche Interessen Schülerinnen und Schüler bezüglich physikalischer Inhalte haben, von welchen Faktoren diese abhängen und wie sie sich im Laufe der Sekundarstufe 1 verändern."[6] Die wichtigsten Ergebnisse finden sich in den von mir aufgestellten Thesen im Verlauf der Arbeit wieder. Doch zunächst sind die Ursachen für die geschlechterspezifischen Unterschiede im Fach Physik darzustellen.

Zahlreiche Faktoren beeinflussen die eingeschränkte Sichtweise, dass Mädchen und Jungen in der Schule und ganz besonders auch im Physikunterricht unterschiedlich behandelt und bewertet werden. Dazu gehören die didaktisch – methodischen Aufbereitungen, die Vorerfahrungen, Lehrer – Schüler – Interaktion und das Selbstvertrauen.[7]

Der erste genannte Einflussfaktor betrifft beide Geschlechter und stellt die Frage, ob der gelernte physikalische Unterrichtsstoff auch im Alltag anzuwenden ist. Das allgemeine Interesse beider Geschlechter am Unterrichtsfach Physik ist dabei gemeint. Für zahlreiche Schülerinnen und Schüler besteht der Physikunterricht nur aus Formeln, Gesetzen und Rechenaufgaben. Dabei schafft es der Physikunterricht nicht, einen Bezug zum Alltag herzustellen. Diesen speziellen Aspekt untersuche ich in meiner Umfrage unter anderem mit Hilfe zweier unterschiedlicher Physikaufgaben. Doch mehr dazu zu einem späteren Zeitpunkt dieser Arbeit.

---

[6] [Mik,06, Seite 56]

[7] Vgl. [Mik,06]

Die Vorerfahrungen der „gesellschaftlichen Geschlechterstereotypen führen dazu, dass die Beschäftigung mit Naturwissenschaften eher Männern als Frauen zugeordnet wird."[8] Dem weibliche Geschlecht werden emotionale, soziale und bodenständige Eigenschaften zugeteilt, wobei dagegen dem männlichen Geschlecht die rationalen, sturen und wettbewerbsbereiten Eigenschaften zugesprochen werden. Diese Vorerfahrungen beeinflussen unbewusst die Schüler – Lehrer – Interaktionen. „Lehrer sind häufig der Meinung, dass Mädchen geringere naturwissenschaftliche und technische Fähigkeiten haben als Jungen; hohe Leistungen in Physik und Chemie werden bei Jungen eher vorhandenen Fähigkeiten, bei Mädchen eher Fleiß und Sorgfalt zugeschrieben."[9] Den Mädchen werden die Fächer zugeordnet, in denen die belebte Natur eine größere Rolle spielt. Es sei jedoch bemerkt, dass sich dieser Sachverhalt „bei den biologischen Inhaltsbereichen genau umgekehrt verhält. Hier sind die Interessen der Mädchen zum Teil deutlich höher als jene der Jungen. Während bei den Mädchen vom 5. bis zum 9. Schuljahr das Interesse an Tierkunde und Pflanzenkunde abnimmt, steigt ihr Interesse an Menschenkunde und Umweltkunde an." (Todt et al. 1974)[10] Bereits Crossmann (1987) war der Meinung, dass die „Physiklehrerinnen und –lehrer die Jungen deutlich mehr bevorzugen, als Biologielehrerinnen und –lehrer."[11] Somit werden nach Faulstich-Wieland und Nyssen (1998) folgendes Fächerwahlverhalten beobachtet: „Die Fächer Mathematik, Physik, Chemie, Erdkunde, Geschichte, Gemeinschaftskunde werden in höherem Maße von Jungen, Deutsch, Bildende Kunst, Sprachen in höherer Zahl von Mädchen gewählt.[12]

---

[8] [Mik,06, Seite 57]

[9] [Hof,97, Seite 26]

[10] [Hof,97, Seite 20]

[11] [Hof,97, Seite 27]

[12] [Kip,01, Seite 163]

Außerdem sei erwähnt, dass das Selbstbild des Schülers einen weiteren sehr wichtigen Einflussfaktor auf die genannten „Vorurteile" darstellt. Durch die Einstellung und das Nicht-Vertrauen in die eigenen Fähigkeiten und Leistungen, werden das Verhalten und das selbstbewusste Auftreten während des Unterrichts gehemmt. Dabei stellte man fest, dass „die Selbsteinschätzung der Mädchen hinsichtlich ihrer Fähigkeiten und Leistungen in Physik niedriger als jene der Jungen ist. Sie nimmt vom 7. bis 10. Schuljahr noch deutlich ab, während jene der Jungen tendenziell ansteigt."[13] Dieses Phänomen der ‚fehlerhaften' Selbsteinschätzungen untersuchte ich ebenfalls in meiner Studie, die ich im weiteren Verlauf dieser Arbeit vorstellen werde.

Welche Konsequenzen haben diese Erkenntnisse nun für den Physikunterricht? Dazu mehr im nachfolgenden Abschnitt.

3. Konsequenzen für den Physikunterricht (Sach- und/ oder Fachinteresse)

Zunächst möchte ich darauf hinweisen, dass es sehr wichtig ist, die Interessen, Neigungen und Vorerfahrungen von Schülerinnen und Schülern im Physikunterricht zu erkennen, zu unterstützen und zu fördern. Selbstverständlich ist die Lehrkraft an Richtlinien und curriculare Rahmenbedingungen gebunden, doch es besteht die flexible Möglichkeit der Aufbereitung einer Unterrichtseinheit und der didaktischen Vermittlung. Die „Identifikationsmöglichkeiten sollten insbesondere den Mädchen angeboten werden, die Fachsystematik zugunsten einer Kontextorientierung zurückgestellt, die Mathematisierung

---

[13] [Hof,97, Seite 24]

reduziert und offene Unterrichtsformen einbezogen werden. Dabei werden individuelle Lernfortschritte für Schülerinnen und Schüler ermöglicht."[14]

Bestimmte Unterrichtseinheiten könnten zum Beispiel durch zusammengestellte Interessengruppen ausgearbeitet und den anderen Schülern vorgestellt werden. Dabei wäre es auch möglich die Frage zu stellen, wo man das zu untersuchende Phänomen im Alltag beobachten kann. Des Weiteren übernimmt die Lehrkraft eine sehr bedeutende Rolle, um die vorhandenen Interessen zu wecken. Mit Begeisterung sollte den Schülern klar gemacht werden, dass die Physik allgegenwärtig ist und uns in allen Situationen umgibt. Wenn das Fachinteresse an dem Fach Physik eher gering ausgeprägt sein sollte, muss nicht unbedingt gleichzeitig auch das Sachinteresse gering ausgeprägt sein. Eine mögliche fiktive Aussage einer Schülerin: „Ich finde den Regenbogen als Naturerscheinung sehr interessant, doch mich interessieren nicht die dabei ablaufenden physikalischen Prozesse." Hierbei sollte die Lehrkraft das Sachinteresse aufgreifen und mögliche Fragen stellen, wie: „Fragst du dich nicht, warum so ein Phänomen entstehen kann?" „Wenn man weiß, warum ein Phänomen in der Natur vorkommt, kann man das auch anderen Schülern erklären und sie ebenfalls dafür begeistern!" „In welchen anderen Bereichen kannst du noch einen Regenbogen beobachten?" „Könnte man vielleicht die Erkenntnisse aus diesem Phänomen nicht auch für andere wichtige Bereiche für den Menschen nutzen?" Man könnte noch mehrere Fragen aufstellen, die das vorhandene Sachinteresse der Schülerin mit dem physikalischen Fachinteresse verknüpfen könnten.

Somit kann das vorhandene Sachinteresse dem Fachinteresse angenährt werden und die Schülerin möglicherweise dazu begeistern sich mit der Physik auseinander zusetzten. Genau dieser Prozess muss durch die Lehrkraft, durch die Unterrichtsorganisation und -durchführung bei dem Schüler zum Anstoßen gebracht werden. Werden die Interessensbedürfnisse der Schüler nicht durch die Lehrkraft erkannt und unterstützt, stellt

---

[14] [Mik,06, Seite 58]

sich bei den Lernenden möglicherweise Desinteresse ein. Eine Abwendung vom Unterricht, sowie mangelnde Beteiligung und häufige Abwesendheit können die Folge sein. „Nicht schon wieder Physik", oder „Physik ist total langweilig und das Fach macht mir keinen Spaß" können mögliche Äußerungen der Schüler sein. Keine Lehrkraft möchte das über seinen eigenen Unterricht hören.

Doch nun genug der Vorrede. Im nächsten Abschnitt möchte ich nun auf die von mir durchgeführte Interessenstudie zu sprechen kommen.

4. Eigene Interessenstudie

4.1 Vorbereitung und Planung

Meine Interessenstudie führte ich an einem Berliner Gymnasium durch. Die 11. Schule liegt im Bezirk Treptow - Köpenick. Das Gymnasium entstand im Jahr 2006 durch die Zusammenlegung zweier Berliner Oberschulen. So treffen eine eher naturwissenschaftliche Ausrichtung und eine sprachliche Förderung aufeinander. Dies führt zu einem überdurchschnittlich breiten Spektrum an Wahlmöglichkeiten für die Schüler. Neben Grundkursen, wie Latein und Darstellendes Spiel, lassen sich beispielsweise auch eher sportliche Grundkurse, wie Alpiner Ski wählen.

Die Schule legt außerdem einen großen Wert auf internationalen Austausch mit Schülern anderer Nationalitäten. So ist die Teilnahme an den United Games of Nations und Exkursionen zu internationalen Zielen in Europa bereits Tradition geworden.

In die engere Auswahl ist diese Schule gekommen, da sie mir durch persönliche Kontakte empfohlen wurde. Die nette Atmosphäre innerhalb der Schule und der recht hohe Anzahl an zu befragenden Schülern überzeugten mich dann sehr schnell. An dieser Stelle richte ich meinen ganz lieben Dank an die Schulleitung, die sich bereit erklärte, meine Untersuchungen durchzuführen.

Insgesamt wurden 177 Schülerinnen und Schüler für meine eigene Interessenstudie befragt. Eine 8. Klasse, drei 10. Klassen und vier 12. Klassen beteiligten sich an meiner Interessenstudie. Im Folgenden möchte ich den Stichprobenumfang bzw. die Verteilung der teilnehmenden Schülerinnen und Schüler nach Klassen und Geschlecht an der Befragung mit Hilfe zweier grafischer Darstellungen verdeutlichen.

Abbildung I:

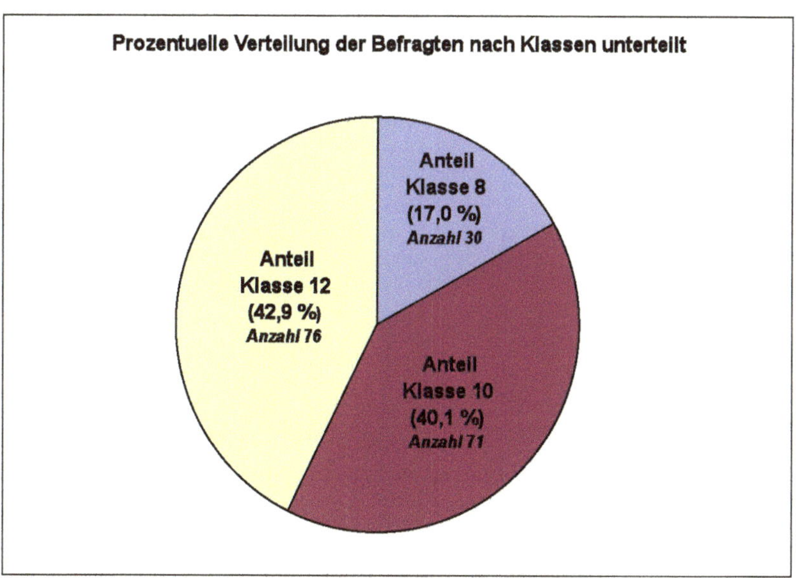

Da nur eine 8. Klasse befragt worden ist, nimmt diese auch den geringsten prozentuellen Anteil in der Darstellung an. Die beiden restlichen Anteile verteilen sich auf die 10. und 12. Klassen. Dabei ist die prozentuelle Verteilung dieser Klassen fast annährend gleich.

In der folgenden grafischen Darstellung ist die Verteilung des Geschlechts bei meiner Befragung verdeutlicht worden.

Abbildung II:

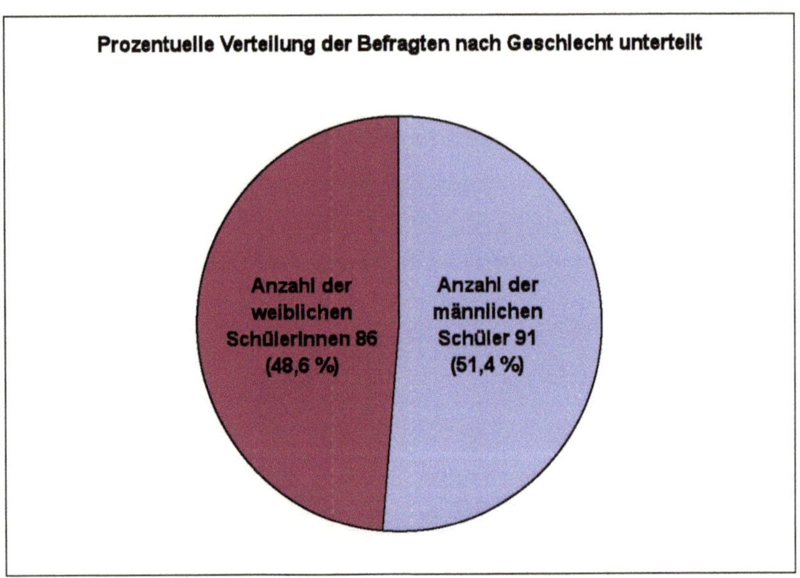

Hierbei ist nun zu erwähnen, dass die prozentuelle Verteilung der Befragten nach Geschlecht so gut wie ausgeglichen ist. Diese Daten habe ich durch meine Fragebögen erhoben.

Um aber eine Interessenstudie gezielt entwickeln zu können, müssen zunächst Thesen aufgestellt werden, die man untersuchen möchte. Daraus können dann die Fragebögen für die jeweiligen Klassenstufen erstellt werden.

Im folgenden Abschnitt möchte ich meine Thesen, Ziele und die erstellten Fragebögen vorstellen.

4.2 Thesen und Ziele

„*Was möchte man mit einer Interessenstudie herausfinden?*" Diese Frage stellt man sich immer wieder während Thesen ausgearbeitet und Ziele vorbereitet werden. Am Ende einer Interessenstudie muss ein exaktes Ergebnis ersichtlich werden. Auf die Hauptfrage, die man sich stellt, sollte eine Antwort gefunden werden. Die Hauptfrage dieser Interessenstudie ist, ob sich die Interessenbereiche von Mädchen und Jungen tatsächlich unterscheiden. Wenn dem so ist, könnte dies einen erheblichen Einfluss auf das Unterrichtsfach Physik haben.

Im Abschnitt „Geschlechterspezifische Unterschiede" stellte ich die IPN – Interessenstudie vor. Die wichtigsten Ergebnisse möchte ich nun vorstellen und dabei meine Thesen für meine Interessenstudie ableiten.

„Grundsätzlich ist das Interesse der Jungen am Physikunterricht höher als das der Mädchen."[15] Die erste These lautet: **„Jungen interessieren sich mehr am Unterrichtsfach Physik als Mädchen."** Dabei ist dem Zitat hinzuzufügen, „dass Mädchen im Vergleich zu Jungen ihre allgemeinen schulischen Fähigkeiten und insbesondere ihre Fähigkeiten in den Fächern Mathematik und Physik systematisch unterschätzen. Bei gleicher Leistung schreiben sie sich geringere Fähigkeiten zu, während Jungen die eigenen fachlichen Fähigkeiten optimistisch überschätzen."[16] Die daraus entstehende zweite These lautet: **„Mädchen haben weniger Vertrauen in ihre physikalischen Fähigkeiten und schätzen ihre Leistungen im Unterrichtsfach Physik schlechter als Jungen ein."**[17] Die nächste These basiert auf dem Interesse an dem Fach

---

[15] [Mik,06, Seite 56]

[16] [Mik,06, Seite 58]

[17] [Mik,06, Seite 57]

Physik. **„Das Interesse der Mädchen nimmt vom 7. bis zum 10. Schuljahr deutlich ab, während jenes der Jungen tendenziell ansteigt"**[18] Davon ausgehend habe ich speziell für die 10. Klassenstufen die Frage gestellt, ob sie das Fach Physik als Leistungs- oder Grundkurs in den höheren Klassenstufen wählen würden. Meine These lautet hierbei: **„Jungen wählen deutlich öfters das Fach Physik als Leistungskurs, wobei Mädchen das Fach abwählen."** Dennoch **„stimmen grundsätzlich alle Jugendlichen der Aussage zu: „Physik geht uns alle an."**[19] Diese These habe ich ebenfalls in meiner Interessenstudie hinterfragt.

Meine Fragebögen für die 8., 10. und 12. Klassenstufe sind in drei Hauptteile unterteilt (siehe Fragebögen im Anhang). Der erste Teil „*Mein Physikunterricht*" untersucht genau die Thesen, die ich bis jetzt aufgestellt habe. Der zweite Teil „*Welche Aufgabe interessiert mich mehr?*" betrachtet dabei den Alltagsbezug bei Aufgabenstellungen im Physikunterricht. Dabei sollten die Schüler sich für eine Aufgabenstellung entscheiden und begründen, warum sie sich für die Aufgabe entschieden haben. Das Aufgabengebiet ist die Optik gewesen. Dabei stellte ich folgende Frage: „Stell dir vor, dass du zwei Aufgaben zur Lichtausbreitung erhältst. Welche der beiden Aufgabentypen würde dich mehr zum Nachdenken anregen und warum?" Folgende Aufgabentypen wurden den Schülern vorgestellt: (Aufgabentypen aus den Fragebögen, siehe Anhang)

---

[18] [Hof,97, Seite 24]

[19] [Mik,06, Seite 56]

Abbildung III:

Aufgabentyp 1)

An einem Sommermorgen ist es im Wald noch angenehm kühl! Die Sonne scheint nur an wenigen Stellen durch das dichte Laubdach hindurch. Durch die feuchte Luft im Wald kann man den Weg des Lichtes genau verfolgen. Breitet sich das Licht immer so gradlinig aus?

Abb. 1

Aufgabentyp 2)

Die nebenstehende Abbildung zeigt ein Modell für die gradlinige Ausbreitung des Lichtes. Beschreibe den Versuchsaufbau! Welche physikalischen Phänomene könnte man mit einem ähnlichen Versuchsaufbau untersuchen?
Abb. 2

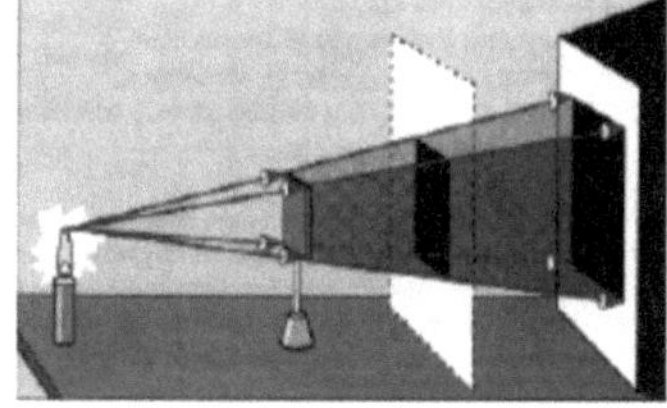

(Quellen der Abbildungen, siehe Abbildungsverzeichnis)

Davon ausgehend lautet die These dabei: **„Mädchen und Jungen sprechen Physikaufgaben mit Alltagsbezug deutlich mehr an, als Aufgabenstellungen ohne Alltagsbezug."** Der dritte und letzte Teil meiner Fragebögen umfasst *„Außerschulische Interessen"*. Dabei soll das Interesse an Physik während der Freizeitbeschäftigungen von Jungen und Mädchen untersucht werden. Hierbei soll abschließend der Erfahrungshintergrund untersucht werden. „Mädchen informieren sich in ihrer Freizeit seltener als Jungen über Physik und Technik (Fernsehen / Radio, Bücher, Zeitungen) und führen deutlich seltener Reparaturen durch. (Hofmann / Lehrke 1985; Todt / Händel 1984)[20]

Die zu untersuchende These lautet: **„Jungen beschäftigen sich in ihrer Freizeit mit physikalischen und technischen Themen wesentlich öfter als Mädchen."**

Anhand dieser aufgestellten Thesen möchte ich eine Antwort auf meine Hauptfrage finden.

Bei der Durchführung der Befragung unterstützten mich Lehrkräfte der 11. Oberschule. Dabei wurden die Fragebögen für die jeweilige Klassenstufe vervielfältigt und den Schülern während des Unterrichts ausgehändigt. Die Befragungen wurden vom 14. Dezember 2007 bis zum 21. Dezember 2007 durchgeführt.

Im weiteren Verlauf meiner Ausarbeitung möchte ich zur Auswertung meiner Interessenstudie kommen.

4.3 Auswertung

Einleitend möchte ich die im vorigen Abschnitt aufgestellten Thesen nochmals in einer Übersicht zusammenfassen. Grundlage für die Thesen waren die verwendeten Literaturen.

---

[20] [Hof,97, Seite 23]

1. Jungen interessieren sich mehr für das Unterrichtsfach Physik als Mädchen.

2. Mädchen haben weniger Vertrauen in ihre physikalischen Fähigkeiten und schätzen ihre Leistungen im Unterrichtsfach Physik schlechter ein als Jungen.

3. Das Interesse der Mädchen nimmt vom 7. bis zum 10. Schuljahr deutlich ab, während das der Jungen tendenziell ansteigt. *(Bei 10. und 12. Klassenstufe untersucht)*

4. Jungen wählen deutlich öfters das Fach Physik als Leistungskurs, wobei Mädchen das Fach abwählen. *(Bei 10. Klassenstufe untersucht)*

5. Alle Jugendlichen stimmen der Aussage: „Physik geht uns alle an" grundsätzlich zu.[21]

6. Mädchen und Jungen sprechen Physikaufgaben mit Alltagsbezug deutlich mehr an, als Aufgabenstellungen ohne Alltagsbezug.

7. Jungen beschäftigen sich in ihrer Freizeit mit physikalischen und technischen Themen wesentlich öfter als Mädchen.

Die 177 Fragebögen mussten nun erfasst und ausgewertet werden. Dafür erstellte ich mit Hilfe von Excel ein Fenster, in dem ich alle Antworten nach Klassen sortiert eingegeben habe (siehe Auswertungen der Fragebögen im Anhang). Zunächst ermittelte ich aus den Fragebögen das Durchschnittalter und die Durchschnittsnote der letzten Physikzeugnisnoten der Schülerinnen und Schüler. Des Weiteren notierte ich die Anzahl der Übereinstimmungen bei den Antworten und errechnete dabei den prozentuellen Anteil. Erklärung an dem Schaubild:

---

[21] [Mik,06, Seite 56]

Abbildung IV:

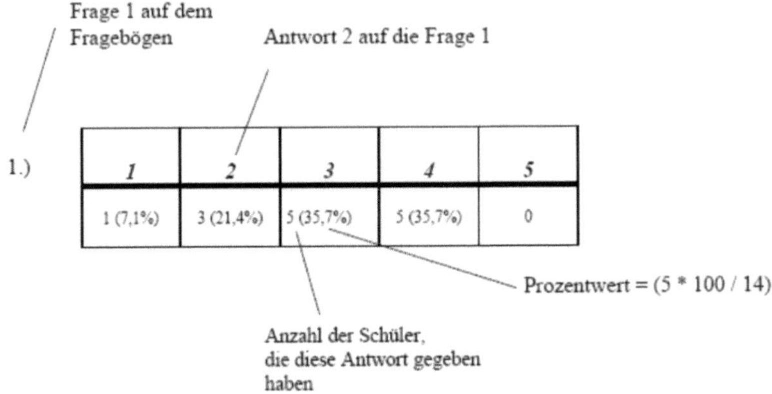

Zunächst werde ich die 8. Klasse auswerten und unter Berücksichtigung der aufgestellten Thesen untersuchen. Hierbei kann nur Auskunft über eine 8. Klasse gegeben werden. Bei den 10. und 12. Klassen habe ich mehrere Stichproben aus unterschiedlichen Klassen zur Verfügung. Diese werde ich im späteren Verlauf auswerten. Nun komme ich erstmal zur Auswertung der 8. Klasse:

Insgesamt wurden 16 Schüler und 14 Schülerinnen in dieser Klassenstufe befragt. Das Durchschnittsalter der Schüler betrug 13,6 Jahre mit einer Durchschnittsnote von 3,6. Dagegen betrug das Durchschnittsalter der Schülerinnen 13,5 Jahre mit einer viel besseren Durchschnittsnote von 2,3. Zum Zeitpunkt der Befragung beschäftigte sich der Physikunterricht mit den Themen „Kraft, Hebelgesetzt und Flaschenzug" – Bereich Mechanik. Das Interesse an diesem Thema ist bei den Jungen und Mädchen nur mittelmäßig vorhanden. 62,5 % der Schüler und 50,0 % der Schülerinnen schätzen, dass das Thema Mechanik beide Geschlechter gleich interessiert. Dabei glauben 56,3 % der Schüler und 50,0 % der Schülerinnen den derzeitigen Unterrichtsstoff gut zu verstehen.

Der Bezug zum Alltag ist für 37,5 % der Schüler und 35,7 % der Schülerinnen nur teilweise bis gering vorhanden. Interessant dabei ist, dass das grundsätzliche Interesse an dem Fach Physik bei den Schülerinnen größer, als bei den Schülern ist (Interesse groß bei 37,5 % der Schüler und 42,9 % der Schülerinnen). Die erste aufgestellte These ist bei dieser 8. Klasse also zu verwerfen.

Die eigenen Leistungen im Physikunterricht schätzen 62,5 % der Schüler und 50,0 % der Schülerinnen nur mittelmäßig ein. Interessant hierbei ist, dass die angegebenen Physiknoten der Mädchen wesentlich besser, als die der Jungen sind. Die eigene Leistungseinschätzung einzelner Mädchen ist zwar schlechter, doch bei der Frage, „*Was würdest du schätzen? Sind in deinem Physikunterricht Jungen oder Mädchen leistungsstärker?*" sind 87,5 % der Schüler und 64,3 % der Schülerinnen sicher, dass die Mädchen leistungsstärker sind.

Erstaunlich ist, dass 62,5 % der Schüler und 78,8 % der Schülerinnen überhaupt nichts mit Physik in ihrem zukünftigen Beruf zu tun haben möchten. Dabei hätte ich den prozentuellen Anteil der Schüler viel geringer eingeschätzt, denn der Aussage „Physik geht uns alle an" stimmten bereits 37,5 % der Schüler und 42,9 % der Schülerinnen zu.

Bei der Auswahl der Aufgabentypen entschieden sich 62,5 % der Schüler und 92,9 % der Schülerinnen für den Aufgabentyp 1. Die häufigste Antwort beider Geschlechter waren: „*Aufgabentyp 1 finde ich interessanter, weil man einen Bezug zum Alltag herstellen kann.*" „*Aufgabentyp 1, weil es nicht so kompliziert erscheint wie Aufgabentyp 2. Außerdem sind Naturphänomene interessanter für mich.*" Für die Schüler und Schülerinnen ist es von größter Bedeutung, dass ein Alltagsbezug in den Aufgabenstellungen vorhanden ist. Die 6. These wäre somit für diese Klasse bestätigt.

Abschließend werte ich die außerschulischen Interessen bei dieser 8. Klasse aus.

50,0 % der Schüler antworteten, dass sie oft in ihrer Freizeit naturwissenschaftliche Beiträge / Sendungen im Fernsehen schauen. Dagegen antworteten rund 64,3 % der

Schülerinnen, dass sie gelegentlich bis selten diese Beiträge im Fernsehen anschauen würden. Beim Lesen von naturwissenschaftlichen Zeitungen und der Besuch von Science Centern in der Freizeit ist sowohl bei den Schülern als auch bei den Schülerinnen das „Desinteresse" gleichsam stark ausgeprägt. 62,5 % der Schüler und 57,1 % der Schülerinnen besuchen nur selten ein Science Center. Naturwissenschaftliche Zeitungen lesen 50,0 % der Schüler nur selten und 35,7 % der Schülerinnen nie. Schließlich ist anzuführen, dass sich 43,8 % der Schüler selten mit naturwissenschaftlichen „Spielsachen" wie Elektrobaukästen beschäftigen und dagegen 71,4 % der Schülerinnen sich nie dafür interessieren würden.

Für Schüler der 8. Jahrgangsstufe lässt sich zusammenfassend sagen, dass wider erwartend die Leistungen der Mädchen besser sind, als die der Jungen. Außerdem ist ihr Sachinteresse keinesfalls signifikant geringer ausgeprägt, als das der Jungen.

Nun werte ich die Ergebnisse der 10. Klasse aus. Dabei werde ich die Antworten der drei Klassen zusammenfassen. Es wurden insgesamt 71 Schüler, davon 35 Mädchen und 36 Jungen befragt. Das Durchschnittsalter der männlichen Schüler liegt bei 14,8 Jahren. Ihre durchschnittlichen Leistungen liegen bei 2,6. Die Mädchen sind mit einem durchschnittlichen Alter von 15,1 Jahren etwas älter, während ihre durchschnittlichen Leistungen gleich gut sind, wie die der Jungen, also auch 2,6.

Zwei der befragten Klassen beschäftigten sich zum Zeitpunkt der Befragung mit dem Thema „Atom- und Kernphysik" und die andere Klasse thematisierte die „Wärmelehre und Thermodynamik".

Interessieren sich nun tatsächlich mehr Jungen der 10. Klasse für Physik? Meine Untersuchung zeigt, dass sich 59,0 % der Jungen für Physik interessieren, aber nur 37,5 % der Mädchen sehr großes oder großes Interesse am Fach Physik zeigen. Durch die 10. Klassen kann meine erste These also deutlich bestätigt werden.

Ist es nun tatsächlich auch so, dass Mädchen ihre Leistungen im Fach Physik schlechter einschätzen, als sie sind, während die Jungen sich eher überschätzen. Durchschnittlich sind die Leistungen beider Geschlechter gleich. Dennoch halten sich 77,0 % der Jungen für leistungsstärker, während sich die Mädchen zu 72,8 % für leistungsschwächer halten. Es ist also deutlich zu erkennen, dass trotz gleicher Leistungen beide Geschlechter die Mädchen für deutlich schlechter halten. Die These muss also bestätigt werden.

Meine nächste These besagt, dass das Interesse der Mädchen am Fach Physik sinkt, während das der Jungen steigen sollte. Meine Umfrage zeigte hingegen, dass das Interesse der Schülerinnen in 57,6 % der Befragungen gestiegen ist, wobei es bei den Jungen nur in 46,9 % gestiegen ist.

Wie viele der Schüler können sich nun vorstellen, Physik auch als Leistungskurs zu wählen? Und ist die Entscheidung Abhängig vom Geschlecht?

Insgesamt könnten 57,7 % der Befragten sich vorstellen Physik als Leistungskurs zu wählen, davon jedoch nur 18,5 % der Mädchen. Von denen, die sich gegen einen Leistungskurs entschieden haben, könnten sich aber 90,6 % der männlichen Befragten immerhin noch vorstellen einen Grundkurs Physik zu wählen, davon 59,7 % der weiblichen Befragten. Diese Prozentzahlen sind erfreulich hoch, wenn man sie mit anderen in der Literatur auftauchenden Studien vergleicht.

59,0 % der Schülerinnen glauben, dass „Physik uns alle was angeht", während 75,4 % der Schüler diese Aussage unterstützen.

Das aktuell behandelte Thema halten 61,1 % der Jungen für alltagsbezogen, während nur 47,9 % der Mädchen einen Alltagsbezug sehen.

Beide Geschlechter halten den Alltagsbezug für wichtig. Den Aufgabentyp 1 bevorzugten 77,7 % der Jungen und 71,7% der Mädchen. Dabei sind die häufigsten Begründungen folgende gewesen: *„Ich würde Aufgabentyp 1 bevorzugen, da ein realer Bezug zum Alltag hergestellt wird und somit das Interesse an dem Thema verstärkt wird." „Aufgabentyp 1:*

Ich mag die Natur lieber als Modelle." „*Mich würde Aufgabentyp 1 interessieren, weil es auf die Realität bezogen ist, man hat es schon einmal wirklich erlebt, oder kann es erleben.*" „*Typ 1: Die Aufgabe ist anspruchsvoller und fordert logisches Denken und Kenntnisse.*"

Doch auch einzelne Schülerinnen und Schüler entschieden sich für den Aufgabentyp 2. Einige Begründungen möchte ich hier noch anführen: „*Aufgabentyp 2 kann man selbst experimentell nachweisen.*" „*Aufgabe 2, da die Gradlinigkeit gezeigt werden kann und somit auch bewiesen.*" „*Aufgabe 2, da diese Aufgabe wissenschaftlicher ist.*"

Meine 6. These kann aber aufgrund der prozentuellen Verteilung ebenfalls bestätigt werden.

Bei den außerschulischen Interessen an Physik zeigt sich in den 10. Klassen, dass naturwissenschaftliche Sendungen / Beiträge im Fernsehen von 38,8 % der Schüler und 37,6 % der Schülerinnen verfolgt werden. Das Interesse ist hierbei also annähernd gleich. Naturwissenschaftliche Magazine bzw. Zeitschriften werden von beiden Geschlechtern bedingt gelesen. Nur 8,3 % der Jungen und 9,7 % der Mädchen lesen diese sehr oft bis oft. Sogenannte Science Center wie Technikmuseen, physikalische Exploratorien oder Planetarien besuchen 11,2 % der Jungen sehr häufig, wobei 40,4 % der Mädchen diese Institutionen nur gelegentlich und 59,6 % selten bis nie besuchen. In der Freizeit beschäftigen sich 31,5 % der Schüler und nur 20,5 % der Schülerinnen oft bis gelegentlich mit naturwissenschaftlichen „Spielsachen".

Somit ist zu erkennen, dass das außerschulische Interesse an Physik in den 10. Klassen bei den Schülern etwas stärker ausgeprägt ist, als bei den Schülerinnen.

Zusammenfassend habe ich also erfahren, dass trotz gleicher Leistungen die Mädchen von beiden Geschlechtern gleichermaßen als schlechter eingestuft werden. Widerlegen konnte ich aber die Behauptung, Mädchen würden sich allgemein weniger für Physik interessierenden. Dennoch ist mir aufgefallen, dass die Schüler öfters einen Leistungskurs wählen würden, als die Schülerinnen.

Nun also zur Auswertung der 12. Klasse. Ich habe einen Leistungskurs und drei Grundkurse befragt. Untersuchen werde ich also zunächst die Grundkurse.

Das Durchschnittsalter der männlichen Befragten betrug 17,5 Jahre mit einer durchschnittlichen Note von 2,2, während die Mädchen durchschnittlich 17,4 Jahre alt sind. Ihre durchschnittliche Leistung ist mit einer durchschnittlichen Note von 2,9 etwas schlechter. Thema zum Zeitpunkt der Umfrage war „Elektrizitätslehre, Magnetische und Elektrische Felder". 61,9 % der Jungen interessieren sich stark für Physik, während sich nur noch 27,9 % der Mädchen für Physik interessieren.

Mädchen stufen die Leistungen der Jungen in 55,1 % für besser ein, während diese sich mit 67,6 % für leistungsstärker halten.

Nur bei 12,6 % der Mädchen ist im Verlauf der Schulzeit das Interesse gestiegen, während es bei den Jungen bei 43,0 % der Befragten gestiegen ist. Meine These kann also bestätigt werden. 67,0 % der Jungen könnten sich vorstellen, im späteren Beruf etwas mit Physik zu tun zu haben, während dies nur auf 19,3 % der Mädchen zutrifft.

„Physik geht uns alle was an" glauben 50,5 % der Mädchen und 71,9 % der Jungen. Das derzeitig im Unterricht behandelten Thema finden 21,3 % der Jungen und 14,5 % der Mädchen für alltagsbezogen. Es bleibt also zu vermuten, dass das Interesse am Fach Physik in direktem Zusammenhang mit dem Alltagsbezug des Unterrichtes steht.

Wie in den 8. und 10. Klassen auch, bevorzugen die Schülerinnen und Schüler den Aufgabentyp 1 mit Alltagsbezug, nämlich 73,1 % der Mädchen 75,5 % der Jungen. Auch die Begründungen ähneln den oben angeführten Beispielen: *„Aufgabentyp 1 hat einen deutlich höheren Bezug zur Realität, trockene Wissenschaft langweilt." „Eine wissenschaftliche Formulierung von Aufgabe 1 mit Verbindung einer idealisierenden*

Zeichnung wäre am Besten, da so die Kreativität in Verbindung mit der Wissenschaft gestärkt wird."

Das außerschulische Interesse in den 12. Klassen sieht wie folgt aus:

Die Verschiebung des Interesses an Physik im Vergleich zu den beiden Geschlechtern wird hierbei noch viel stärker deutlich, als in den anderen untersuchten Klassen. 50,5 % der männlichen Befragten verfolgen sehr oft bis oft naturwissenschaftliche Beiträge im Fernsehen, wobei sich dagegen nur 14,1 % der weiblichen Befragten dafür interessieren. Durchschnittlich lesen 23,2 % der Schüler oft naturwissenschaftliche Zeitungen, während nur 1,9 % der Schülerinnen diese lesen würden. 81,7 % der Schüler und 80,6 % der Schülerinnen besuchen gelegentlich bis selten Science Center. Hierbei wird deutlich, dass nur ein geringes Interesse beider Geschlechter für wissenschaftliche Institutionen vorhanden ist. Deutlich wird, dass sich 89,3 % der Schülerinnen selten bis nie mit naturwissenschaftlichen „Spielsachen" beschäftigen, während dies nur 62,4 % der Schüler aussagen. Oft konnte ich die Aussage lesen: *„Ich bin zu Alt für solche Spielsachen!"*

Interessant bei den Untersuchungen ist, dass sich im Vergleich zur 10. Klasse mehr Schüler für außerschulisches Lernen mit Physik interessieren, während das Interesse der Mädchen an derartigen Aktivitäten dramatisch gesunken ist.

Abschließend werte ich also noch den Leistungskurs aus. Er bestand aus einem Mädchen und acht Jungen. Deshalb ist eine statistische Aussage in diesem Fall kaum zu treffen.

Das Mädchen ist 18 Jahre alt und hat eine 3,0, während die Jungen durchschnittlich 17,6 Jahre alt sind und ihre durchschnittliche Note bei 1,1 liegt.

Wie es auch meine schulische Erfahrung zeigte, wählen also nur sehr wenig Mädchen tatsächlich einen Leistungskurs Physik, während sich das ursprünglich recht viele Mädchen vorstellen konnte.

Zwischen der 10. und 12. Klasse sinkt also das Interesse am Fach Physik, vor allem bei den Mädchen, drastisch ab.

Dennoch muss hierbei angemerkt werden, dass meine Interessenstudie nur an einer Schule durchgeführt wurde und keine Vergleichsschulen in dieser kurzen Zeit befragt werden konnten.

5. Zusammenfassung

Eine Auswertung und die Formulierung eines Ergebnisses können sich nur auf die untersuchten Klassen beziehen. Eine allgemeine Aussage ist also nicht möglich.

Zusammenfassend habe ich also gesehen, dass zu Beginn der Schulzeit, also in der 8. Klasse, das Interesse beider Geschlechter ausgeprägt ist. Die Leistungen der Mädchen in der 8. Klasse waren deutlich besser. In den zehnten Klassen ist das Interesse der Mädchen am Fach Physik gesunken. Die Leistungen beider Geschlechter sind „nur noch" gleich gut. Gegen Ende der Schullaufbahn ist beim weiblichen Geschlecht so gut wie gar kein Interesse mehr zu erkennen, während es bei den Jungen recht stabil blieb. Die Leistungen der Mädchen stehen denen der Jungen nun um einiges nach. Wie erwartet sprechen Alltagsbezüge in den Aufgabenstellungen deutlich mehr Schülerinnen und Schüler an. Zum größten Teil konnte ich meine aufgestellten Thesen mit meiner Interessenstudie belegen.

Was führt also dazu, dass der Unterricht offensichtlich das Interesse der Mädchen am Fach Physik hemmt?

Offensichtlich unterscheiden sich die Interessenbereiche der Geschlechter, da der Unterricht weniger die Motivation der Jungen beeinträchtigt. Ein deutlicher Einfluss ist vor allem bei den Mädchen zu erkennen.

6. Wege aus der Krise

In meiner Interessenstudie hat sich schließlich gezeigt, dass das Interesse der Mädchen am Fach Physik mit ansteigender Schulzeit tendenziell sinkt, wobei diese bei den Jungen kontinuierlich gleich bleibt oder sogar ansteigt. Um dem entgegenzuwirken, müssen Impulse in den Schulklassen gesetzt werden, damit die Motivation für das Interesse an Physik bei den Mädchen nicht beeinträchtigt wird.

Wie ich schon oben beschrieben habe, wurden schon zahlreiche Interessenstudien in diesen Bereichen durchgeführt. Im Laufe der Zeit haben sich zahlreiche Projekte entwickelt, um das Interesse der Mädchen an dieser Naturwissenschaft zu steigern. Eines dieser Projekte ist der „Girl's Day".

Durch meine eigenen Praxisstudien an der Friedrich - Bayer - Realschule in Berlin - Steglitz habe ich zu Anfang meines Studiums durch die Lehrkräfte erfahren, dass diese Oberschule regelmäßig an den sogenannten „Girl's Days" teilnimmt. Dieser Aktionstag wurde ins Leben gerufen, um Schülerinnen die Möglichkeit zu geben, sich an einem Tag technische, wissenschaftliche und handwerkliche Berufsfelder genauer anzuschauen. Dabei erhält man die Möglichkeit sich mit Berufen zu beschäftigen, von denen man zuvor kaum etwas wusste. Was macht beispielsweise eine Laborassistentin in ihrem Labor? Was passiert eigentlich in den Industriehallen einer Automobilfirma wie BMW? Neue Interessensbereiche können durch solche Projekte entfacht werden und die Motivation an den naturwissenschaftlichen – technischen Fächern gesteigert werden.

Aufgrund der verkürzten Abiturphase von 13 auf 12 Schuljahre besteht die Gefahr, dass Interessen der Schülerinnen noch viel weniger unterstützt und beachtet werden. Der zu lernende Unterrichtsstoff wird dadurch kompakter und intensiver. Zu diesem Zweck werden in zahlreichen Oberschulen die Naturwissenschaften Biologie, Chemie und Physik in einem Fach zusammengelegt. Dabei können fächerübergreifende Unterrichtsthemen miteinander verknüpft werden. Dies bringt aber andere Nachteile mit sich, die einen deutlichen Einfluss auf den Lernerfolg nehmen können.

Ein „Kompromiss" könnten beispielsweise Projekte sein, in denen alle naturwissenschaftlichen Bereiche besprochen werden, ohne dass es einer fachlichen Ausgrenzung bedarf. Auch hier würden Schülerinnen und Schüler motiviert sich Gedanken in allen naturwissenschaftlichen Bereichen zu machen und so komplexen Themengebieten zu nähern.

Physikbücher und Materialien sollten ebenfalls Verknüpfungen zu anderen Fächern herstellen. Beispiele für physikalische Vorgänge in der Natur sollten den Schülerinnen und Schülern stärker verdeutlicht werden. Ebenso müssten historische Fakten besprochen werden. Der Physikunterricht sollte nicht nur die „trockenen" wissenschaftlichen Erkenntnisse lehren, sondern auch die Wissenschaftler und deren Leben stärker beleuchten. Nicht nur die „Errungenschaften" der Physiker sind interessant, sondern auch die Prozesse und Arbeitsweisen, die dahin geführt haben. Es sollte gezeigt werden, dass auch Physiker Menschen sind, die genauso denken und funktionieren, wie Schüler auch.

Durch diese vielfältigen und abwechslungsreichen Themenkomplexe können größeres Interesse an dem Fach Physik gefördert werden.

Schließlich muss man als zukünftige Lehrkraft bedenken, dass beide Geschlechter im Unterricht gleichermaßen motiviert und gefördert werden müssen. Den Schülerinnen sollte nicht das Gefühl gegeben werden, dass sie in den naturwissenschaftlichen Fächern den Schülern unterlegen sind. Der Lehrer sollte stets hinterfragen, welche Interessen vorhanden sind. *Was interessiert euch an der Physik?*

Abschließend glaube ich, dass Projekte, Exkursionen und Klassenfahrten für beide Geschlechter gleich interessant gestaltet werden sollten. Dabei sollten die Interessen von beiden Geschlechtern immer wieder berücksichtigt werden.

7. Fazit

Hiermit endet meine Interessenstudie für das Fach Physik. Aufgrund der vorgegebenen Zeit für diese Arbeit lassen sich leider keine aufwändigeren Langzeitstudien realisieren. Dennoch konnte ich mit der Untersuchung der mir zur Verfügung stehenden Klassen Tendenzen und Interessensbereiche für das Fach Physik nachweisen. Aufgrund der ständig wachsenden Wissenschaft und Technologie müssen sowohl Schüler aber auch speziell Schülerinnen für mathematisch – naturwissenschaftliche und technische Berufe begeistert werden. Dieses Interesse kann nur durch einen guten, attraktiven, abwechslungsreichen und für beide Geschlechter gleichansprechenden Physikunterricht entstehen und gefördert werden.

8. Quellen

[Hof,97]   Hoffmann, Lore: Die IPN-Interessenstudie Physik / Lore Hoffmann, Peter Häussler; Manfred Lehrke.: An den Interessen von Mädchen und Jungen orientierter Physikunterricht, [Institut für die Pädagogik der Naturwissenschaften an der Universität Kiel], (1997)

[Hof,98]   Hoffmann, Lore: Die IPN-Interessenstudie Physik / Lore Hoffmann, Peter Häussler; Manfred Lehrke. [Institut für die Pädagogik der Naturwissenschaften an der Universität Kiel], (1998)

[Mik,06]   Sigrid Zwiorek, In: Prof. Dr. Helmut F. Mikelskis (Hrsg.): Physikdidaktik – Ergebnisse der Forschung für die Unterrichtspraxis in der Sek. I und II, Cornelsen Scriptor, (2006)

[Kip,01]   Kiper, Hanna (Hrsg.): Einführung in die Schulpädagogik, mit Rosemann, B./ Bielski, Einführung in die Pädagogische Psychologie, Weinheim/Basel Beltz Verlag (2001)

9. Abbildungsverzeichnis

Danksagung

Mein besonderer Dank gilt der Schulleitung der 11. Schule, die durch die Erlaubnis der Durchführung meiner Studie diese Arbeit erst möglich gemacht hat. Danke für die nette Zusammenarbeit und Unterstützung.

Weiterhin bedanke ich mich bei meiner Freundin und Kommilitonin Grit Fischer, die mir mit Rat und Tat zur Seite stand und dabei half Rückschläge zu überwinden.

Außerdem danke ich Herrn Prof. Dr. Mikelskis, der für die Bereitstellung des Themas verantwortlich ist und diese Arbeit betreut hat.

Und danke auch an den Zweitgutachter dieser Arbeit, Herr Krey.